槎溪藝菊志

一

槎溪藝菊志

清·陸廷燦 編撰

中國書店

據中國書店藏清康熙刻本影印原書半頁版框高十八厘米寬十三點三厘米

清・陸廷燦 編撰

槎溪藝菊志

中國書店

據中國書店藏清康熙刻本影印原書半頁版框高十八厘米寬十三點三厘米

嘉定陸幔亭手輯

槎溪藝菊志

棣華書屋藏板

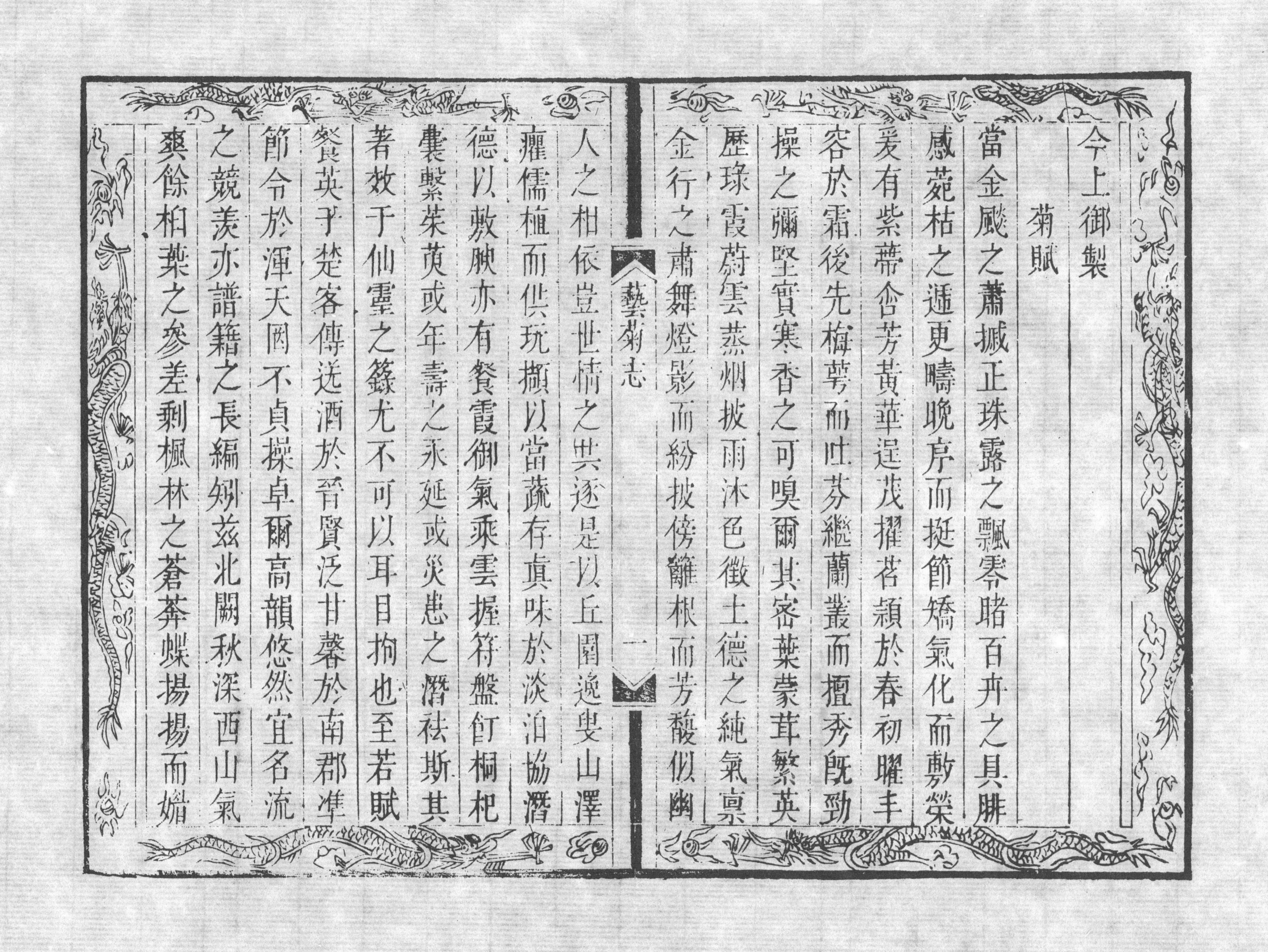

今上御製

菊賦

當金飈之蕭摵正珠露之飄零睹百卉之具腓
感菀枯之遞更曦晚序而挺節矯氣化而敷榮
爰有紫蔕含芳黃華湜茂擢若穎於春初曜丰
容於霜後先梅萼而吐芬繼蘭叢而擅秀既勁
操之彌堅實寒香之可嗅爾其密葉蒙茸繁英
歷琭霞蔚雲蒸烟披雨沐色徵土德之純氣禀
金行之肅舞燈影而紛披傍籬根而芳馥似幽
人之相依豈世情之共逐是以丘園逸叟山澤
癯儒植而供玩擷以當蔬存眞味於淡泊協潛
德以敷腴亦有餐霞御氣乘雲握符盤飣桐杞
囊繫茱萸或年壽之永延或災患之潛袪斯其
著效于仙靈之籙尤不可以耳目拘也至若賦
餐英乎楚客傳送酒於晉賢泛甘馨於南郡準
節令於渾天固不貞操卓爾高韻悠然宜名流
之競羨亦譜籍之長編矧茲北闕秋深西山氣
爽餘柏葉之參差剩楓林之蒼莽蝶揚揚而媚

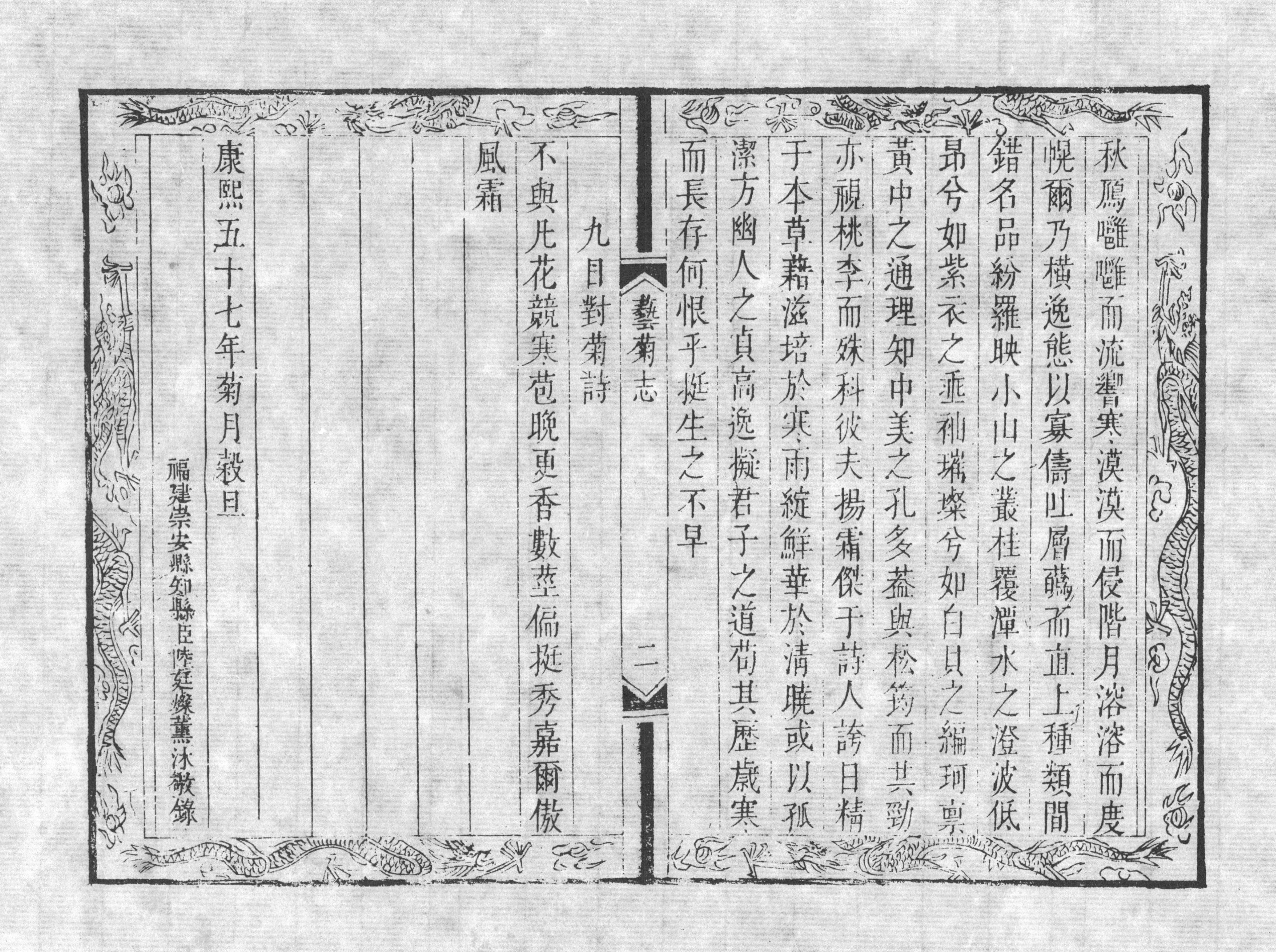

秋鴈噰噰而流響寒漠漠而侵階月溶溶而度幌爾乃橫逸態以寡儔吐層蘤而直上種類間錯名品紛羅映小山之叢桂覆潭水之澄波低昂兮如紫衣之垂袖璀璨兮如白貝之編珂稟黃中之通理知中美之孔多蓋與松筠而共勁亦覩桃李而殊科彼夫揚霜傑于詩人誇日精于本草藉滋培於寒雨綻鮮華於清曉或以孤潔方幽人之貞高逸擬君子之道苟其歷歲寒而長存何恨乎挺生之不早

九日對菊詩

不與凡花競寒苞晚更香數莖偏挺秀嘉爾傲風霜

康熙五十七年菊月穀旦

福建崇安縣知縣臣陸廷燦薰沐敬錄

藝菊志序

周子云菊花之隱逸者也牡丹花之富貴者也菊之愛陶後鮮有人牡丹之愛宜乎衆矣余獨謂不然蓋濂溪慨世故云耳若士君子律身出處無二道隱逸富貴因乎時而已原不可以境遇爲軒輊也夫子云隱居以求其志行義以達其道子思子云素富貴行乎富貴素貧賤行乎貧賤孟子云窮則獨善其身達則兼善天下故莘野躬耕春雨一犂商巖版築秋雲萬杵以及尚父垂釣於渭濱伏龍南陽之高臥三聘與三顧夢弼與夢熊何莫非時爲之而可岐視者哉

崇安明府陸君江南嘐城人也嘗於槎溪之上卜築讀書各花異卉琳瑯觸目而尤喜藝菊徧覓奇種羅植階墀眞可謂繼淵明高躅而不逐時趨者矣且其於菊也有五異焉皆淵明之所不及者柴桑潔隱釆菊自娛形之嘯歌對花酬酢豈似陸君不徒爲一已之玩以此娛親供色笑進霞觴制頹齡延壽客其孝思足異也東籬璀璨惟有黃花槎圃購求諸色畢備旣炫爛於林泉復標新於耳目其品類足異也更有進乎此者菊比諸花爲最久顧傲霜之餘不無夸毗釆釀佳醞焉得久留乃繪爲圖風雨之所不能侵冬

夏之所不能限一展卷閒而無時不在無處不隨非圖形之足異乎然而海內名公巨卿聞之者無不歌咏盛事以彰其篤好欲共永傳凡所投贈者積成卷軸如宋漫堂朱竹垞彭南畇諸君皆予友也捧讀流連殊增今昔之感非紀載之足異乎抑且廣搜博采集而成志自經史子集諸書言菊者則爲考從來名種流傳騷人墨客品題者則爲譜藝植灌溉因時得宜養胎護苗扶弱除害則有良法其自古迄今或賦或詩或詞或記諸體無不窮搜以爲佳友流芳晚香生色則有藝文噫明府之費編摩勤攷訂菊之能事

畢矣淵明雖莫逆其能有此異乎余故謂即此可以徵其才與志矣夫初隱槎圖也事親絃誦山林經濟偶寓於菊及其司鐸松滋也詩擬鄭虔教倂安定如菊之清幽華麗兼而有之今擢宰是邑保赤撫字同菊之栽培剔弊蠹奸猶菊之去蠹媲美清獻琴鶴之芳蹤恪遵文宣求志達道之懿訓隱逸富貴無二無分豈眞枳棘爲鸞鳳所棲蛟龍乃池沼所蓄哉昔陳孺子嘗宰社肉父老以爲善而孺子云使平得宰天下亦如此肉吾閱斯志而知明府他日宰天下亦如此菊矣因不辭所請而爲之序

康熙戊戌中秋年家同學弟錢塘王復禮拜譔時年七十有四

凡例七則

是志凡七類一曰考二曰譜三曰法四曰文五曰詩六曰詞而以藝菊圖題辭附焉共成八卷

菊之考證其散見於六經三史諸子百家歷代故實者何限今必首著其書名恐無徵也或一事而數書並見則取其詳確者如彼此互異則兼載之其有意義刺謬大相逕庭者棄短從長以歸於一

菊花名品見於各譜者甚多要知種類不過數十而地土不同肥瘠有別命名隨意遂至炫奇好異日事翻新有一花而得數名者一名而互相指是者殊難備錄兹就諸家舊譜所載品目以劉蒙譜爲首而重見於各譜者以次芟除不令繁複其近時所見種類列於補遺以俟參攷

藝菊之法雖多今止載五嶽山人暨東佘徵君兩書者以其專言種菊且文詳而法備也其他槩言種植而偶及於菊者摘附於考中

志中所采詩文自魏晉六朝以至唐宋元明而止就耳目覩記之所及也吾

皇上聰明天縱聖學高深萬幾之暇作爲詩歌邁越千古恭勒

御製菊賦菊詩冠於志首其餘海內宗工巨筆克塞宇宙或限於山川或域於聞見未能徧得槩俟蒐輯容即續刻以成大觀

藝菊本以娛親也得烏目山人繪圖樸邨徵君作記更蒙當代鉅公文人學士瑶華寵錫不分體不敘次隨到隨刊以光梨棗今彙爲一卷貫於志後爲曲終雅奏尚望瑶章續寄以爲關雎之亂云

是志窮搜博纂十年於茲然僻在海隅耳目弇陋竊恐藏書未富釆摭不備難免遺漏之譏未敢授梓因就正　草堂王先生承爲力慫勉付剞劂幸博雅君子正其紕謬廣其闕畧焉

藝菊志目錄

考

譜

藝菊志一卷

嘉定陸廷燦扶照氏輯

考

經

禮記季秋之月菊有黃華

大戴記九月榮鞠鞠草也鞠榮而樹麥時之急也

周禮蟈氏掌去鼃黽牡蘜以灰灑之則死註云牡蘜菊不花者

又后服鞠衣其色黃也

爾雅蘜治蘠

史

續晉陽秋陶潛九月九日無酒坐宅邊東籬下菊叢中摘花盈把悵望久之忽見白衣人至乃江州太守為龐通轉送酒遂即酣飲醉而後歸

晉書羅含字君章耒陽人致仕還家庭階忽蘭菊叢生人以為德行之感

唐書高宗時李適為學士凡天子饗會游幸惟宰相及學士得從秋登慈恩寺浮屠獻菊花酒稱壽

鴻書遼相李儼作黃菊賦獻其主耶律弘基弘基作詩題其後云昨日得卿黃菊賦碎剪金英填作句袖

中猶覺有餘香冷落西風吹不去

子

抱朴子劉生丹法用白菊花汁蓮花汁樗汁和丹蒸之服一年壽五百歲

又仙方謂日精更生周盈皆一菊而根莖花實之名異也

玄虛子武林曹昊字太虛因慕淵明別號元亮性愛種菊至秋無無種不備一日早起見大黃菊當心生一紅子漸大三日若櫻桃人皆不識有鄰女周少夫月下同女伴潛玩摘食之忽乘風仙去昊始悟仙家所

謂菊實者正此物也

日華子菊花治四肢遊風利血脈并頭眩作枕明目葉亦明目生熟並可食

集

魏王丕集魏文帝與鍾繇九日送菊書歲往月來忽復九月九日為陽數而日月並應俗嘉其名以為宜於長久故以宴亨高會是月律中無射言羣木百草無有射地而生惟芳菊紛然獨榮非夫含乾坤之純和體芬芳之淑氣孰能如此故屈平悲冉冉之將老思餐秋菊之落英輔體延年莫斯之貴謹奉一束以

助彭祖之術

王右軍集右軍採菊帖不審復何以永日多少看未九日當採菊不至日欲共行也但不知當晴不耳

蘇東坡集夏小正以物爲節如王瓜苦菜之類驗之畧不差而菊有黃花尤不失毫釐近時都下菊品至多皆智者以他草接成不復與時節相應始八月盡十月菊不絕于市亦可怪也

又蘇東坡守膠西傳舍索然人不堪其憂日與通守劉廷式循古城廢圃求杞菊食之作後杞菊賦

張南軒集張南軒爲江陵之數月方春經行郡圃命採杞菊付庖人或謂先生居方伯之位顧指如意乃樂從野人之餐得無矯激有同于脫粟布被者乎先生應之曰天壤之間孰爲正味厚或腊毒淡乃其至惟杞與菊中和所萃驗南陽與西河又頽齡之可制于是又作續杞菊賦

高濂集菊爲花之隱者惟隱君子山人家能藝之故不多見見亦難於豐美秋來扶杖遍訪城市園林山村籬落更挈茗奴從事投謁花主相與對花談勝或評花品或較栽培或賦詩相酬介酒相勸挈杯坐月燒燈醉花賓主稱歡不厭頻過時乎東籬之下千古

南山悠然見之

黃山谷集跋東坡菊帖云此何異虹藏不見而虹挂空雷始收聲而雷發地耶

雅

埤雅菊本作蘜從鞠窮也花事至此而窮盡也又鞠如聚金鞠而不落故字從鞠

紀

駢雅曰精女節周盈朱嬴更生陰成女華菭蘠蘜也

中外花木紀波斯菊一枝只一葩倒垂如髮之鬈

狀元紀錢鶴灘髫時從塾夜歸家有客賞菊出對曰賞菊客歸衆手摘殘彭澤景即應聲曰賣花人過一肩挑盡洛陽春蓋童時已兆之矣

記

乾淳歲時記都人九月九日飲新酒泛萸簪菊且以菊餻爲餽

名山記道士朱孺子入玉笥山服菊花乘雲升天

周處風土記日精治蘠皆菊之花莖之別名也生依水邊其華煌煌霜降之時唯此草盛茂九月律中無射俗尚九日而用候時之草也

吳興園林記趙氏菊坡園前面大溪爲循堤畫橋蓉

重於諸水生甘菊九月開花水極甘馨居民飲此水
者多壽百歲
九域志鄧州土貢白菊三十斤
江西志饒州府治內有秋香亭魏兼栽菊於此
會稽縣志會稽昌安門內朱通直莊有佳菊數十種
蕭山縣志菊山在縣西三里多甘菊
武義縣志武義縣有菊妃山山多蘭菊
嘉定縣志菊花泉出楊涇相傳下有泉眼飲之益壽
仙山志女几之山其草多菊
蠻甌志劉禹錫正病酒乃饋菊苗虀換白樂天六班

茶二囊以醒酒
嶺南異物志南方多溫他物皆先時而榮惟菊花十
月須寒乃發寒晚故發遲
博物志菊有兩種苗花如一惟味小異苦者不中食
夷堅志成都府學有神曰菊花仙相傳爲漢宮女諸
生求名者往祈影響神必明告仙在漢宮蓋飲菊花
酒者
酌中志九月御前進安菊花宮眷內臣自初四日換
穿羅重陽景菊花補子蟒衣初九日重陽節駕幸萬
壽山登高或兎兒山旋磨臺登高喫迎霜麻辣兎菊

花酒

荆州府志巴東縣將軍灘對岍山水平秀有黃花上下沱一望約五六里

鄧州志菊水出穰縣芳菊被涯水極甘香谷中皆飲此水俱臻上壽

疏

庶物異名疏本草別錄一名傳延年一名陰成本草經一名朱嬴吳氏本草一名女室

王世懋花疏菊至江陰上海吾州而變態極矣有長丈許者有大如盌者有作異色二色者而皆名粗種其最貴者乃各色剪絨各色幢各色西施各色狠牙種之最難須得地得人燥濕以時蟲蠹日去花須少而大葉須密而鮮不爾便非上乘元馭閣老尤愛種菊京師有一種曰大紅曰麻葉紅曰相袍紅元馭爲翰林時特命囊之馬首歸今吾地尚有此種然開不能大佳想亦地氣使然菊中有黃白報君知最先開甘菊可作湯寒菊可入冬皆賤種也而皆不可廢又有一種五九月開亦異種也

書

字書菊字有五蘜蘜見說文蘜見爾雅鞠見二禮菊

見篇韻　其體雖異而用則同

仙書茱萸爲辟邪翁菊花爲延壽客故九日假此二物以消陽九之厄

閒士行快書維持愛護于爾爲難陶元亮懶癖成性何從着力要知逸在籬下不似後人

又花中逸品菊爲領袖東籬下無數莖何以消滿城風雨

種樹書分菊宜清明

又竹與菊根皆向上長添泥覆之爲佳

孫真人種花法菊以三月穀雨後種

又仲春土膏流動菊苗怒生纔及五六寸掘起揀根莖大者相去四尺許種之先用麻餅末一大撮拌土

又一月中凡三度鋤薙至日暮以溺串水澆之春月則用蠶沙一法先以溺漬舊草鞋置土下極有力

瑣碎錄云梅雨時收菊叢邊小株分種俟其茂則摘去心苗欲其成小叢也秋到則不摘

種菊宜向陽貴在高原其根惡水若久雨可以根旁加泥令高以泄水

種菊之地常要除去蜒蚰則苗葉免害

沈競云予在豫章見菊之佳者甚多問之園丁則云

每歲以上巳前後數日分種失時則花少而葉多若不分植非惟叢不繁茂往往一根數榦一榦之花顏色各異所以命名不同菊開過以茅草裹之得春氣則舊柯復青漸長成如樹但次年不能有花第三年則接續着花仍不畏霜矣

零辭

屈原楚辭朝飲木蘭之墜露兮夕餐秋菊之落英

漢武帝秋風辭蘭有秀兮菊有芳

陶淵明歸去來辭三徑就荒松菊猶存

零詩

陶彭澤和郭主簿詩芳菊開林耀青松冠巖列

又飲酒詩采菊東籬下悠然見南山

又云秋菊有佳色裛露掇其英

又問來使云我居南山下今生幾叢菊

袁山松詩靈菊植幽崖擢穎凌寒飈春露不染色秋霜不改條

左太沖招隱詩秋菊兼餱糧

謝宣城詩願言稅逸駕臨潭餌秋菊

皇甫茂政詩菊為重陽冒雨開

李義山詩羅含黃菊宅柳惲白蘋門

韓昌黎秋懷詩鮮鮮霜中菊既晚何用好揚揚弄芬
蝶爾生還不早
白樂天履道新居詩籬菊黃金合窻筠綠玉稠
郭元振秋歌云辟惡茱萸囊延年菊花酒與子結綢
繆冊心此何有
司馬溫公九日贈梅聖俞瑟姬歌云不肯那錢買珠
翠任教堆插階前菊
楊巽齋寄友花詩朶朶相迎意更親
鄭所南詩禦寒不藉水爲命去國自同金鑄身
陳欽甫九日詩菊枕堪明眼茱囊可辟邪

詩話

景龍三年九月九日唐中宗臨幸渭亭登高作詩并
爲序云陶潛盈把既浮九醞之歡畢卓持螯須盡一
生之興人題四韻同賦五言其最後成罰之飲滿是
宴也韋安石蘇瓌詩先成于經野盧懷慎最後罰酒
與宴分韻者二十四人
德宗九日作黃菊歌顧左右曰安可不示韋綬耶時
綬爲學士以心疾還第卽遣使持示綬奉和附進
懿宗賞花短歌云長生白乆視黃其拜金剛不壞王
謂菊花也

唐輦下歲時記九日宮掖間爭插菊花民俗尤甚杜牧詩云九日黃花插滿頭又云塵世難逢開口笑菊花須插滿頭歸

樂菴語錄云韓魏公在北門九日燕諸僚佐有詩云不羞老圃秋容淡且看寒花晚節香識者知其晚節之高

昔之愛菊者莫如楚屈平晉陶潛然孰知愛之者又有石澗元茂焉雖一行一坐未嘗不在於菊繙帙得菊藥詩不惟知其愛菊其爲人清介可知矣

毘陵張敏叔繪十花爲十客圖以菊花爲壽客錢塘關士容爲之賦詩

王十朋云菊中言霜露者甚多至于言雨者惟范文正有句云半雨黃花秋賞健

元行恭秋日遊昆明池詩岸菊聚新金張正見賦得岍花臨水發詩別有仙潭菊含芳獨向秋

愚齋云菊花古人惟以泛酒後世又以入茶其事皆得於名公之詩唐釋皎然有九日與陸處士飲茶詩云九日山僧院東籬菊也黃俗人多泛酒誰解助茶香陸放翁冬夜與溥菴主說川食詩何時一飽與子同更煎土茗浮甘菊亍又嘗見人或以菊花磨細入

於茶中啜之者

又云唐宋詩人詠菊罕有以女色為比者惟唐韓偓嘆白菊云正憐香雪披千片忽訝殘霞覆一叢還似妖姬年長後酒酣雙臉却微紅又宋魏野有菊一絶云正當摇落獨芳妍向曉吟看露泫然還似六宮人競怨幾多珠淚溼金鈿

又云王荊公有殘菊飄零滿地金之句歐陽公譏之不知菊之落英不獨離騷也唐太宗殘菊詩細蕋彫輕翠圓花飛碎黄又秋日詩菊散金風起趙嘏詩節過重陽菊委塵崔灝晚菊詩曉來風色清寒甚滿地

繁霜更雨金薛瑩十日菊詩今朝籬下見滿地委殘黄宋梅聖俞殘菊詩零落黄金蕋雖枯不改香蘇子由戲題菊詩更擬食根花落後一依本草太傷渠彭汝礪詩重陽黄菊花零落殆無有陸放翁詩碎金狼籍不堪摘又云紛紛零落中見此數枝黄

又云菊之開也四季皆有開于三月者前賢有詩云不許秋風常管束競隨春卉鬬芳菲又云似嫌九月清霜重亦對三春麗日開其開於四月者張孝祥有詩開于五月者陳子高有詩開于六月者符離王常有詞惟開於秋季者其品至多而開於十月者歐陽

洪景嚴和弟景盧月臺詩云築臺結閣兩爭華便覺流涎過麴車戸小難禁竹葉酒睡多須藉菊苗茶

又云崇觀間陳子高五月菊詩云黄菊有本性霜餘見幽茂名緇喻般若太史謹占候又僧雪菴詩云滿徑露溥黄般若裊簷風裊翠眞如按六祖金剛經解何名般若是梵語唐言智慧也

陳欽甫提要錄東坡云嶺南氣候不常菊花開時卽重陽凉天佳月卽中秋不須以日月爲斷也十月初吉菊始開乃與客作重九因次淵明九月九日韻云今日我重九誰謂秋冬交黄花與我期草中實後彫

香餘白露乾色映青松高

胡融菊譜杜子美以甘菊名石決其秋雨歎詩云雨中百草秋爛死堦下決明顔色鮮著葉滿枝翠羽蓋開花無數黄金錢說者以爲卽本草決明子此物乃七月作花形如白扁豆葉極稀疎焉得有翠羽蓋與黄金錢也彼葢不知甘菊一名石決爲其明目去翳與石決明同功故吳越間呼爲石決子美所嘆正此花耳而杜趙二公妄引本草以爲決明子踈矣哉

體題新詠九華菊注云吳有趙廣信嘗煉九華丹此菊以丹名之猶酴醾花以酒名之其意各有所寓杜

光庭詩曰初開九鼎冊華熟

愚齋集句詩引云鑄兒童時嘗閱東軒耀儒趙公保梅花集句詩喜其多有可取今故效顰采摭百家英華爲菊成章也凡四十首續又二十首

詞話

菊史補遺今觀草堂詩餘中鷓鴣天桃花菊詞有云解將天上千年艶纔作人間九日黄愚謂此黄字最爲深病不然應改却纔作二字又檢康伯可詞乃作换得人間九日黄且换得二字用之尤未切當及覈張狀元長短句方知是偷將天上千年艶染却人間

九日黄至此意義明白乃知下字之工如

愚齋云瑞鷓鴣調按前人所作或以平聲字起或以仄聲字起二者皆可通用故愚詠桃花菊前半闋云底事秋英色厭黄喜行春令借紅粧謝天分付千年品特地攙先九日香按此花本八月半開愚先以千年對三徑緣三字是平聲不叶宮調故改作九日但不免犯前賢已用之對耳

月令

月令廣義重陽都下賞菊有數種酒家皆以菊花縛成洞戶都人出郊登高

崔寔月令九月九日可採菊花

閒史

雪菴清史菊稱隱逸其德備黃中其節傑霜下而淵明獨賞心焉卽其閒靖少言不慕榮利環堵蕭然風日不蔽高枕北窻裋褐穿結倘黔婁所謂不戚戚于貧賤不汲汲于富貴者淵明似黃花乎黃花似淵明乎

花史臨安西馬城園子每歲至重陽謂之闘花各出奇異有八十餘種

瓶史菊以黃白山茶秋海棠爲婢

陳四可灌園史蜀漢張翊嘗戲造花經以九品九命升降之以菊爲四品六命近張謙德瓶花譜亦效此體自判品第以蘭牡丹梅蠟梅菊水仙等爲一品九命

臺史劉蒙譜菊有順聖淺紫之名愚按嘉祐中有油紫英宗朝有黑紫神宗朝加鮮赤目爲順聖紫蓋色得其正矣

本草

神農本草菊爲養性上藥能輕身延年

政和本草菊花有鄧州衡州齊州三種

藥性本草菊有筋菊有白菊黃菊菊花一名節花一名傅公一名延年一名白花一名日精一名更生一名陰威一名朱嬴一名女華一名女莖其白花者潁川曰回峰汝南曰茶苦蒿河南曰地薇蒿上黨及建安郡曰羊歡草

本草圖經菊花生雍州川澤及田野今是處有之要以南陽菊潭者爲佳初春布地生細苗夏茂秋花冬實正月采根三月采葉五月采莖九月采菊十一月采實皆陰乾用南陽菊亦有黃白二種今服餌家多用白者

名醫別錄菊花味甘無毒主療腰痛去來除胷中煩熱

千金方九月九日取菊花爲末臨飲時服方寸匕可以不醉

仙方重五日採白菊莖常服令頭不白

王子喬變白增年方三月上寅日採甘菊苗名玉英六月上寅日採梗名容成九月上寅日採花名金精十二月上寅日採根名長生用成日蜜丸服三年返老還童

羣芳譜陸文定公平泉初入史館偶與同館諸公以事謁分宜衆皆競前呈身遂至喧擠公獨逡廵却步時分宜庭中盛陳盆菊公徐曰諸君且從容莫擠壞陶淵明也聞者心媿

沈競譜東平府有溪堂爲郡人遊賞之地溪流石崖間至秋州人泛舟溪中採石崖之菊以飲每歲必得一二種新異花

又舒州菊多品如蜂兒菊者鵝黃色水晶菊者花面甚大色白而透明又一種名末利菊初開花小四瓣如末利既開花大如錢

又長沙兒菊亦多品如黃色曰御愛笑靨孩兒黃滿堂金小千葉丁香壽安真珠白色曰疊羅艾葉毬白餅十月白孩兒白銀盂大而色紫者曰荔枝菊又有五月開者

又婺女則有銷金北紫菊紫瓣黃沿銷銀黃菊黃瓣三白沿有乾紅菊花瓣乾紅四沿黃色即是銷金菊菊乃佛頭菊種也

又浙間多有荷菊日開一瓣開足成荷花之形衆菊未開則不開衆菊已謝則不謝又有腦子菊其香如腦子花色黃如小黃菊之類又有茱萸菊麝香菊水

仙菊水仙者卽金盞銀臺也

又金陵有松菊枝葉勁細如松其花如碎金層出于密葉之上余在豫章嘗見之

又潛江品類甚多有鋪茸菊色綠其花甚大光如茸二月間開

雜錄

風俗通南陽郡酈縣有甘谷谷水甘美云其山上有大菊落水從山流下得其滋液谷中有三十餘家不復穿井悉飲此水上壽百二三十中百餘下七十八十者猶以爲夭司空王暢太尉劉寬袁隗爲南陽太

守令酈縣月送水二十斛用之飲食諸公多患風眩皆得瘳

文粹江湖散人自號天隨生宅荒少墻屋多隙地前後皆樹以杞菊春苗恣肥得以采擷供左右盃案及夏五月枝葉老梗氣味苦澀旦暮猶責兒輩掇拾不已遂作杞菊賦

古文苑見禽華以應色禽華菊名也

五雜組月令曰菊有黃華黃者天地之正色也凡香皆不以色名而獨菊以黃花名亦以其當摇落之候而獨得造化之正也然世人好奇每以緋者墨者白

者紫者爲貴至于黄則尋常視之矣菊種類最多其知名者不下三十餘種其栽培之方亦甚費力余在復州見好事家菊花有長八尺者花巨如盌後爲吳輿司理偶得隹種自課植之芟其繁枝去其旁蕋只留三四

又漢宮人採菊花并莖釀之以黍米至來年九月九日熟而就飲謂之菊花酒

又九日佩茱萸登高飲菊花酒相傳以爲費長房教桓景避災之術余按戚夫人侍兒賈佩蘭言在宮中九月九日食蓬餌飲菊花酒則漢初已有之矣不始

於桓景也

又司馬溫公有晚食菊羹詩採擷授廚人烹瀹調甘酸毋令薑桂多失彼眞味完古今餐菊者多生咀之或以點茶耳未聞有爲羹者亦不知公之所羹者花耶葉耶今人有採菊葉煎麵餅食之者其味香尤勝枸杞餅也

又頭洎秋亦高七尺許大亦如之過此不能常在宅中卽有其種不復長矣庚戌秋在京師始習見以爲常蓋貴戚之家善于培植故也

紫桃軒說寒菊十二月始花枝葉皆柔荏青翠燦然

榮茂于風霜氷雪之中而畧無悴色亦異品也萬曆戊午見一本於丘元禮座隅今忽有以此見貽者江梅水仙同置一几三君子者不惟歲寒交可稱忘年友矣

山家清供採紫莖黃色正菊英以甘草湯和鹽少許焯過候飯少熟投之同煮久食可以明目延年名曰金飯

又菊苗煎法採菊苗湯瀹用甘草水調山藥粉煎之以油爽然有楚畹之風

王觀論菊余竊謂古菊未有瓌異如今者而陶淵明張景陽謝希逸潘安仁等或愛其香或詠其色或採之於東籬或汎之于酒斚疑皆今之甘菊也

又余聞有麝香菊者黃花千葉以香得名有錦菊者粉紅碎花以色得名有孩兒菊者粉紅青蕚以形得名有金絲菊者紫花黃心以蕋得名嘗訪于好事者亦未之見也

沈競論菊王艮臣錢塘人名軒受業姚文敏公之門經術精湛以貢爲松谿教諭時年五十無子棄去不赴晚年藝菊後圃號肥香道人

牧豎閒談蜀人多種菊以苗可入菜花可入藥園圃

悉植之郊野人多採野菊供藥肆頗有大悞眞菊延
齡野菊瀉人
菊史王龜齡十朋取莊園卉目爲十八香以菊爲冷
香
荊居士友籍檇李陳無功有十友詩以菊爲逸友
藝林伐山曾端伯以菊爲佳友
吳中紀聞張敏叔以菊爲壽客
癸辛雜識趙氏菊坡園新安郡王之園也昔爲趙氏
蓮莊分其半爲之前面大溪爲循堤畫橋蓉柳夾岸
數百株照影水中如鋪錦繡其中庭宇甚多中島植

菊至百種爲菊坡
百菊集譜唐韋表微授監察御史裏行不樂曰爵祿
譬滋味也人皆欲之吾年五十拭鏡攓白冐游少年
間取一班級不見其味也將爲松菊主人不愧陶淵
明云
沈競菊譜徐仲車最好菊即西籬下多種之花至冬
月猶有存者名曰晚菊公常自比陶淵明種菊之所
雖東西相反論其所以樂則無以異也
史鑄論菊榮王府側有園曰瓊圃中多異菊
吳致堯九疑考古云春陵舊無菊自元次山始植

王龜齡云鄂渚以黃華有白菊

釋典云拘蘇摩華其華白色大小如錢似此白菊也

王逸離騷注言旦飲香木之墜露吸正陽之津液暮食芳菊之落華吞正陰之精蘂

洪興祖補離騷注秋花無自落者當讀如我落其實而取其材之落又據詩之訪落以落訓始也意落英之落蓋謂始開之花芳馨可愛若至於衰謝豈復有可餐之味哉

杜陽雜編唐穆宗時禁中花開夜有蛺蝶數萬飛集花間宮人以羅巾撲之無有獲者上令張網空中得

數百遲明視之皆庫中金玉錢也

博聞新錄菊花多真假相半難以分别其真菊花蔕子黑而纖若野菊則蔕子有白茸而大味極苦

史譜辨疑按本草與千金方皆言菊花有子愚初以此爲疑今觀鍾會賦其中有芳實離離之言必可取信續又見近時馬伯升譜有金箭頭菊註云其花長而末銳枝葉可茹最愈頭風世謂之風藥菊無苗冬收實而春種之據此二說則知菊之爲花果又有結子者明矣

苕溪漁隱曰江浙間每歲重陽往往菊亦未開不獨

嶺南爲然蓋菊性耿介須待草木黃落方於霜中獨
秀
又曰菊春夏開者終非其時有異色者亦非其正
鮦陽居士編復雅詞云鴛鴦菊乃豆蔻花也其花類
百合而小比牽牛花差大紅紫色中心有雙鬚鬚之
端爲雙鴛之形其葉如菊葉而極大淮南二三月間
開花
東漢胡廣傳注太尉胡廣久患風羸弱日飲酈縣菊
水疾遂瘳年近百歲非惟天壽亦菊延之後廣取菊
播之京師處處傳植

譜

劉蒙菊譜

龍腦　一名小銀臺葉色類紫鬱金而外葉純白香氣
芬烈甚似龍腦

新羅　一名玉梅一名倭菊千葉純白長短相次而花
葉尖薄鮮明瑩徹若瓊瑤然

都勝　鵞黃千葉葉形圓厚有雙紋此菊細枝小葉嫋
嫋有態故以都勝目之

御愛　一名笑靨淡黃千葉葉有雙紋或云出禁中因
此得名

玉毬　自花蘂中小葉如剪茸以其有圓聚之形名爲
玉毬

鵞毛　淡黃纖如細毛生于花萼上

大金鈴　細花五出如鐸鈴之形每葉有雙紋

金萬鈴　正黃色葉有鐸形開以九月末

銀臺 深黃葉五出下有雙紋白葉承之史譜有金盞銀臺

蜂鈴 千葉深黃花形圓小中有鈴葉擁聚蜂起細視若有蜂窠狀

秋金鈴 深黃雙紋重葉花中細蕋皆出小鈴萼中亦如鈴葉但比花葉短廣而青

繡毬 千葉紫花葉尖濶相次叢生

鄧州白 單葉雙紋白葉中有細蕋出鈴萼中香比諸菊甚烈

薔薇 深黃單葉有黃細蕋出小鈴萼中枝幹差細葉有枝股而圓

酴醾 純白千葉自中至外長短相次枝幹纖柔頗有態度史譜有鵞黃淺色者

銀盆 鈴葉之下別有雙紋白葉

順聖淺紫 葉比諸菊最大一花不過六七葉而每葉盤疊凡三四重空處開有筒葉輔之

夏萬鈴 開以五月紫色細鈴生于雙紋大葉之上

玉盆 多葉黃心內深外淺下有濶白大葉連綴承之有如盆盂中盛花狀

鄧州黃 單葉雙紋深于鵞黃而淺于鬱金中有細葉出鈴萼上

荔枝 千葉紫花葉卷為筒大小相間花有紅者同名

秋萬鈴 千葉淺紫其中細葉盡為五出鐸形而下有雙紋大葉承之

紅二色 千葉深淡紅叢有兩色而花葉中間生筒葉大小相應

垂絲粉紅 千葉葉細如茸攢聚相次以枝幹纖弱得名

合蟬 粉紅筒葉方盛開時筒之大者裂為兩翅如飛舞狀

楊妃 粉紅千葉散如亂茸而枝葉細小嫋嫋有態

夏金鈴 深黃千葉六月開

金錢 深黃雙紋重葉

黃二色 鵞黃雙紋多葉

白菊 單葉白花

史正志菊譜

深色御袍黄 心起突色如深鵞黄

金鳌菊 比佛頭頗瘦花心微窪

樓子佛頂 心大突起似佛頂四邊單葉

纒枝菊 花瓣薄開過轉紅色又名玉甌菊

毬子黄 中邊一色突起如毬子

玉盤菊 黄心突起淡白緣邊又名銀盤

桃花菊 花瓣全如桃花秋初先開色有淺深深秋亦有白者

夏月佛頂菊 五六月開色微紅

孩兒菊 紫萼白心茸茸然葉上有光與他菊異范譜作紫菊

野菊 細瘦色黄亦有白者 淺色御袍黄 中深

樓子菊 層層狀如樓子 單心菊 細花心瓣大

范成大菊譜

勝金黄 此最豐縟而加輕盈花葉微尖但條梗纖弱須留意扶植乃成

千葉黄 千葉小金錢畧似明州黄花葉中外疊疊整齊心甚大

疊金黄 一名明州黄心極小疊葉穠密狀如笑靨花有富貴氣開早史譜名小金錢

御衣黄 千葉花初開深鵞黄大畧似喜容而差踈瘦久則變白

毬子菊 如金鈴而差小二種相去不遠其大小名字出于栽培之肥瘠爲别

金鈴菊 千葉細瓣簇成小毬枝條長茂可以攬結有如浮屠樓閣者

棣棠菊 一名金鎚子花纖穠酷似棣棠色深如赤金窠株不甚高金陵最多

金杯玉盤　中心黃四傍淺白大葉三四層花頭僅三寸菊之大者不過此本

麝香黃　花心豐腴傍短葉密承之亦有白者大畧似白佛頂而勝之

疊羅黃　狀如小金黃花葉尖瘦如剪羅縠三兩花自作一高枝出叢上史譜名小佛頭菊

垂絲菊　花蕋深黃莖極柔細隨風動搖如垂絲海棠

十樣菊　一本開花形模各異或多葉或單葉或大或小或黃或白

萬鈴菊　中心淡黃鎚子傍白花葉繞之花端極尖香尤清烈

單葉小金錢　花心尤大開最早重陽前已爛漫

夏小金鈴　一名夏菊花如金鈴而極小無大本夏中開

甘菊　一名家菊凡菊葉皆深綠而惟此淡綠柔瑩微甘作羹泛茶皆可

蓮花菊　如小白蓮花多葉而無心花頭疎極蕭散清絕一枝只一葩綠葉亦甚纖巧

白麝香　似麝香黃花差小亦豐腴韻勝

五月菊　花心極大鬚皆中空攢成匾毬子紅白單葉繞承之每枝只一花徑二寸夏中開

銀杏菊　淡白時有微紅花葉尖綠葉全似銀杏葉

佛頂菊　中黃心極大四傍白花一層繞之初秋先開白色漸沁微紅史譜名佛頭菊

芙蓉菊　開就者如小木芙蓉尤穠盛者如樓子芍藥但難培植多不能繁蕪

胭脂菊　類桃花菊深紅淺紫比胭脂色尤重

喜容　千葉花初開微黃花心極小中色深外微淡欣然有喜色久則變白可引長七八尺

波斯菊　花頭極大一枝只一葩喜倒垂下久則微捲如髮之鬈

木香菊　多葉初開淺鵞黃久則淡白花葉尖薄盛開則微捲芳氣最烈

茉莉菊　花葉繁縟全似茉莉綠葉亦似之長大而圓淨

藤菊 花密條柔長如藤蔓可編作屏障下如纓絡尤宜池塘之瀕

鴛鴦菊 花常相偶葉深碧

白荔枝 與金鈴同但花白耳

太眞黃 花如小金錢加鮮明

艾葉菊 心小葉單尖長如艾

史鑄菊譜

御袍黃 花如小錢大初開中赤既開瑩黃開最久一名瓊英黃

側金盞 瓣有四層花片潤色深黃以其花大而重欹側而生也

金絲菊 深黃細瓣凡五層一簇黃心甚小

橙菊 黃色不甚深其瓣成筩排竪生于萼上衆瓣下又承統裙一層其中無心

黃寒菊 花頭大如小錢心瓣皆深黃色有白者

徘徊菊 淡白瓣黃心色帶微綠瓣有四層初開先吐瓣三四片旬日方周徧

大金錢 開遲心瓣明黃一色香色與態度皆勝

密友菊 明黃潤片葉最繁密見霜則周圍葉綠變紫色

小金錢 開早如小錢明黃瓣深黃心其瓣三層花瓣展其心則舒而爲筩

滴滴金 夏菊也花頭巧小明黃色心乃深黃中有一點微綠自六月開至八月

灑金紅 一名金錢豹淡紅千瓣瓣間有黃色如灑

茱萸菊　　輪盤菊

繡菊　　牡丹菊

丁香菊　　滿堂金

白疊羅　　錦菊

玉甌菊　　春菊

松菊　　雞冠菊
五色菊
九華菊 大白瓣黃心淵明所賞今越俗呼爲大笑菊
凌風菊 見黃山谷詩　　柑子菊 見陳後山詞
楊妃裙 見徐仲車詩　　朝天菊 見洪氏夔野錄
蠟梅菊 見聞人善言菊卿公暇集　　冊菊 見初學記
珠子菊 見本草註南京有一種開小花白色花瓣下如小珠子
鷺鷥菊 出嚴州花如茸毛純白色中心有一叢簇起如鷺鷥
襄陽菊 並蒂雙頭出九江彭澤

胡融菊譜

銷金菊　　銷金北紫
銷銀黃菊　　銀盤菊
水晶菊　　鋪茸菊
紅菊 五月開附乾紅菊　　紫菊
九日菊　　十月白
玉鈴菊　　大笑菊
艾菊　　荷菊
鷰兒菊　　蜂兒菊
粉團菊　　腦子菊
石菊 其色有三故附于此　　棚菊

粟葉菊　一笑菊單層者

金盞銀臺又名水仙菊　叠金

金甌　毛心

銀荔枝一名太師菊　七寶黃又名十樣黃

七寶白　金堆

侍御　釵頭金

大笛心又有小笛心　金毬又有銀毬

小堆金　白玉錢

大白又名霜下菊　小白

小金荔支　一丈黃

蠟梅一名道衣黃　尖葉白

檀香黃

高濂菊譜

太師紅　綠芙蓉

瓊芍藥千葉花高起難植　金鳳仙

呂公袍　觀音面

玉堂仙　倚闌碧

五月翠菊又有五月白　七月菊

三指甲

沈競菊譜

金盞金臺　黃素馨 又有白素馨

樝子菊 花小色黃香如樝子　泰州黃 又有明州黃

金井銀欄 又有金井玉欄　纓線菊

輕黃菊　賽金錢

早紫菊 五月即開紫花心黃　早蓮菊 攢瓣銳頭似蓮葉周譜作紫菊

團圓菊　柳條菊

杖亭菊 枝梗甚長用杖子扶植即籬菊一丈黃

碧蟬菊 青色　鞍子菊 雙心花形帶長

鐵脚黃鈴　黑葉兒

鈸兒菊 一種紫梗開早一種青梗開晚

戴笑菊　黃笑靨 又有白笑靨

周履靖菊譜

粉妲已 粉紅千葉有紫者　瑶臺雪 千葉大白花

萬卷樓 粉紅千葉葉加卷　紫袍金帶 紫紅千葉中有細黃心

五色梅 單葉小紅其五色　瓊團 大紅千葉葉邊周圍有黃色

葵菊 粉紅千葉　茄菊 淡紫千葉

羣芳譜

金芍藥 一名金寶相莊黃氣香瓣潤菊中極品

紫芍藥 一名紅繡毬莊鮮紅頂如泥金開甚早白者名銀芍藥

金鶴翎 深黃色葉多尖如刺菊中仙品其次白者名銀鶴翎紫爲下

黃羅繖　花深黃中有項瓣紋似羅下垂如繖一名松花幢

金鎖口　深紅千瓣週邊黃色半開時紅黃相雜如錦白色者名銀鎖口

荔枝黃　一名金荔枝金黃短瓣紅者名荔枝紅

狀元黃　其花焦黃鬖鬖始終一色瓣疎細而茸又有狀元紫狀元紅

鴛鴦錦　初作蓓蕾時每一蒂即迸成三四亦有至五六者其瓣面重黃而背重紅

黃萬卷　一名金盤橙其外夾瓣其中筩瓣開遲紅者名紅萬卷

金鳳毛　一名剪金毬其色瑩黃瓣末細碎如剪又有木樨毬十彩毬晚香毬

金孔雀　蕋甚巨初開金黃既開赤黃瓣尖而下垂

九煉金　一名滲金黃一名銷金菊九月前開色暈金黃葉尖莖紫而細勁

殿秋黃　一名蠟瓣蜜蠟色瓣澗微皺開于秋末

錦牡丹　花之紅黃赤黃者多以錦名花之豐碩而姣者多以牡丹名有紫有白有粉有黃

黃五九菊　花鵞黃色外尖瓣一層中瓣茸茸然夏秋二度開

金帶圍　花朵小枝幹細一名腰金紫白者名玉帶圍

黃粉團　黃花千瓣中心微　鶯羽黃嫩黃千瓣赤有各色

金玲瓏　一名金絡索金黃千瓣有紅白粉錦各種

紫蘇桃　一名曉天霞色紫其背紫面黃者名錦蘇桃又有粉蘇桃銀蘇桃紅蘇桃

醉西施　淡紅千葉黃者名病西施又有瑪瑙蠟瓣粉錦數種

錦麒麟　其花極耐霜露萼黃瓣初赤紅既開則面金黃背赤紅一名回回菊

錦褒姒　金黃千瓣另有粉紫白三種

報君知　一名九月黃花黃色開最早久而愈艷

月下白一名月下西施花青白色其形圓其瓣細而厚

劈破玉小白花每瓣有黃紋如線界之為二

出爐銀一名銀紅西施瓣厚大初微紅後蒼白如銀紅色者名出爐金

一捧雪花碩其瓣茸茸然如雪花之六出

紫薔薇花畧小似紫玉蓮而色淡粉色者名粉薔薇黃者名黃薔薇

八仙菊花初青白色後粉色一花七八蕋

淮南菊初開微黃色中變白見霜則淡紫

萬卷書一名銀紐絲開早氣香味甘萼黃

象牙毬初開黃白色其後牙色瓣下覆如毬有木紅者

白鶴頂色白瓣上攢如鶴頂有紅者一名不老紅又有黃粉金絲瑪瑙各種

玉菡萏花純白一名白蠟瓣又有粉者紫者

黃剪絨色金黃花不瓣而管放末微碎如剪又有大紅紫紅蘆花粉蚕之類

碧桃菊其花純白有紅者名勝緋桃

雙飛燕淡紫千瓣每花有二心瓣斜捲如飛燕之翅

碧江霞紫花青蔕蔕角突出花外小花花之奇異者

大紅袍蕋如泥金初開朱紅瓣尖細而長體厚

紫袍金帶蓓蕾有頂開稍遲初黑紅漸作鮮紅既開似亞腰葫蘆亞處無瓣

醉楊妃其色深桃紅久而不變淡紅者名醉西施

相袍紅先殷紅漸作金紅久則木紅而淡

慶雲紅蓓蕾深桃紅開則紅黃並作瑪瑙色

火煉金 瓣尖中猩紅萼金黃朶垂其紅不變

二色蓮 數瓣 瓣如勺而毛末微皺上簇如蓮萼中或突起

晚香紅 瓣圓而厚比次整齊中深紅突起上作重臺

金菊對芙蓉 多瓣淺紅淡黃二色雙出如金銀花

梅花菊 一名壽陽粧每花不過數瓣瓣大如指頂下黃上白重臺開早甚香

錦心繡口 大瓣一二層深桃紅中筩瓣突起初青而後黃

紫丁香 粉紅小花黃紅色者名錦丁香

冬菊 花薄而小色深紅瓣濶而短開極遲

紫茉莉 似梅花菊而標格瀟洒氣味芬馥又有紅黃白者

海棠菊 瓣短多紋而尖中暈赤外暈黃邊暈純白或數色錯出變態不窮

紫幢 一名紫羅繖紫紅千瓣

玉寶相 白多瓣初開微紅

二喬 金紅淡黃二色千瓣

檀香毬 色老黃形團瓣圓厚

玉樓春 花初桃紅後蒼白

錦雀舌 重黃多瓣瓣微尖又有粉雀舌各種

僧衣褐 一名緇衣菊

賓州紅 重黃褊薄如鏃中黃萼

粉蝴蝶 千瓣小白花

佛座蓮 千瓣頗大開殿衆菊

佛見笑 粉紅千瓣

八寶瑪瑙 千瓣花具紅黃衆色

蘸金白 千瓣邊有黃色似蘸金

水晶毬 初開微青其瓣細而茸

赤金盤 花初開紅黃而赤

墨菊 色紫黑穠豔九日前開

紫羅袍 花小其瓣羅紋而細

縷金粧 深紅千瓣中有黃線路

剪霞綃 紫多瓣其邊如繡

瑪瑙盤 淡紫赤心千瓣極豐大

紫鳳冠 千瓣高大起樓　銀薇 細葉瓣放黃者名金薇

福州紫 多瓣　碧蓮玲瓏 千瓣葉色深綠

瑞香紫 花淡紫瓣疏尖而豎　白絨毬 花粉白有紫者

朝天紫 花初深紫後淺紫氣香　倚闌嬌 淡紫小花

鬭嬋娟 花極白晶瑩瓣如勺　紫霞觴 開早紅色

金紐絲 一名出谷鶯色瑩黃開遲　一捻紅 花瓣上有紅點

晚香堂品類

淵明菊　大夫菊

處士菊　三顧菊

黃金盞菊　簇金菊

金箭頭　金骨朵

黃金帶　玉盤珠

玉瓏璁　銀錢菊

佯梅菊　茶菊

金陵菊　江陰菊

鳳頭黃菊　鬧蛾兒菊

獻歲菊　中秋菊

四季菊

東會王竹草花譜

錦鱗菊 多葉紅花黃邊開在冬初

賽紅荷　千葉紅花花如荷瓣

周師厚洛陽花木記

紫幹子　碧菊

黃簇菊　千葉晚紅菊

青心菊　柿葉菊

紅香菊　葉紅菊

探白子　釵頭菊

粉紅菊　六月紫菊

黃窠廷子　川剪金

川金錢深紅色單葉　千葉大黃菊

地棠菊

王仲遵花史

賽楊妃　勝瓊花

琥珀盤　玉玲瓏

太液蓮　海棠春

金章紫綬　鳳友鸞交

無心對有心

花鏡

碧蟬菊色微青宜輕肥　靈根菊多葉白而疎

嬌容變千葉先淡後深　添井欄邓銀臺肥大

錦雲標 紅黃相錯如錦　換新粧 紫千葉圓瓣經霜便

金纓絡 千葉小花

李君實紫桃軒雜綴

玉瓔珞 小叢銀鈴最繁舊名　檀心宮額 中心赭四面黃舊名金榜五魁

黃鶴仙 舊名玉皇袍　文君頰 薄紅似女頰舊名喜容

紅雲朵 舊名紅牡丹　步幛嬌 舊名紫繡毬

胭脂顆 色最麗　玉環醉 舊名蕾苕

笑雪窩　晴霞幔

鷺頂　鶴頂

朱新仲菊坡名目

枇杷菊 葉似枇杷花似金盞銀盤而極大却不甚香

玉盤盂 其花與金鈴菊相次

乾紅菊 花瓣乾紅四沿黃色即銷金菊

草堂增目

蜜幢 蜜色花瓣比諸花長倍之

絡索 各色皆有花大且多高四五尺花品中不甚重也

舊朝衣 色紅而不鮮其名酷肖花中之下品也又名海日紅

麻葉大紅菊 無大紅者此真本紅也以其無深紅故花多亦不可少

金消息 色黃最小其形絕似每株開數百朶

銀消息 色白小而且多與金消息同

洋菊自海外來近年始有本高六七尺花大如碗菊中之翹楚也

陶圃補遺

松子花開瓣纍如松殻狀有金黄心黄大紅銀紅大紫小紫肝紅水白金紅江陰白等種

東洋夏菊有黄白紫數種五月開花來自海外性喜烈日與中土種異

三學士一花三色

銀攢即白色剪裁

晚粧即剪裁之散亂不齊者

蒙刺有金銀錦窠數種花瓣有小刺

古色超有紫者花瓣如勺

佛面光色淡紫花似松子而瓣畧平

並頭菊無常種歲辛巳圃中紫菊忽發一莖雙蒂兩花後二年黄花一本亦然人以爲瑞余有詩紀之

藝菊志一卷

法

嘉定陸廷燦扶照氏輯

藝菊書

黄省曾

一貯土

凡藝菊擇肥地一方，冬至之後，以純糞瀼之，候凍而乾，取其土之浮鬆者，置之場地之上，再糞之，收水之後，乃收之於室中，春分之後，出而晒之，日數次翻之，去其虫蟻及其草梗，草梗不去則蒸而腐焉，是生紅虫，生土蠶，生蚯蚓，爲菊之害，土淨矣，乃善藏之以待登盆之需，登盆也俱用此土，又以待加盆之需，菊之登於盆也，或遭三日以上之雨，土實而根露，則以土加而覆之，一則蔽日之曝，不乾其根，一則收雨之澤，不爛其根。

二留種

冬初而菊殘也，一衰即并英華而去其上莖，其幹留五六寸焉，或附於盆，或出於盆，埋之圃之陽，鬆土之內，臘之月必濃糞澆之，以數次，菊之性而耐於寒，故土糞多則煖而不冰，可以壯菊本，可以禦隆寒，可以潤澤而不至於枯燥

三分秧

春分之後是宜分秧根多鬚而土中之莖黃白色者謂之老鬚少而純白者謂之嫩鬚老可分嫩不可分分之於新鋤之鬆地不宜太肥肥則籠菊頭而不長發天之陰可分有日分之則枯乾而難活種之其宿土也盡去否則恐有虫子之害既秧于土矣以越席架而覆之毋令經日經日則難醒每日晨灌之既灌之天之陰不可傷于水秧心發芽矣可去其覆席先用半糞之水復用肥水灌之葉上不可以沾糞沾之則葉枯用河之水則純河之水用井之水則純井之

水不可雜焉

四登盆

立夏之後菊苗盛矣可五六寸許是爲上盆之期將上盆也數日不可以澆灌使苗受勞而堅老則在盆可以耐日其起秧苗也掘根之土必廣而大少則露根而傷其本用臘前所瀼之土壅之其灌也視陰晴而爲增損使土壯而入根服盆而生葉則用肥水灌之久雨加臘土以浥之其種也根深則不耐水淺不耐日隨土而稍深何也菊之根其生也向上故常覆土爲佳

五理緝

菊之尺許矣是宜理緝欲長也則去其旁枝欲短也則去其正枝花之朶視其種之大小而存之大者四五蘂焉次者七八蘂焉又次十餘蘂焉小者二十餘蘂焉唯甘菊寒菊獨梗而有千花不可去也

六䕶養

菊稍長也竹而縛之毋令風之得搖雨之久也宜出水盆內亦然菊傍之蟻多也則以鱉甲置于傍蟻必集焉移之遠所夏至之前後有虫焉黑色而硬殼其名曰菊虎晴暖而飛出不出于巳午未之三時宜候而除之菊之爲菊虎所傷也傷之處仍手微摘之磨去其牙虫毒可以免秋後生虫如虎之多也必多栽易壯盛之菊於圃之周菊有香焉蟻上而糞之則生虫虫長而蟻又食之則菊籠頭而不長其虫之狀如白虱以棕線作帚刷之扇以承之揮于遠所秋後有象幹之虫其色與幹無殊生于葉底上半月在葉根之上幹下半月在葉根之下幹宜認糞跡破幹取之以紙撚縛之常以水潤紙條花乃無恙或用鐵線磨爲邪鋒小刀上半月於蛀眼向上捜虫下半月於蛀眼向下捜虫有菊牛焉沿之則萎種臺葱則可以辟

麻雀愛取菊之葉爲巢取之則萎四之月雀乃爲巢時宜愼也

種菊法　陳繼儒

一養胎

冬初菊殘折去枝葉掘地作坑埋根其內糝以新泥澆糞數次菊本既壯春苗乃發

二傳種

凡遇奇種用朽木鑽眼插秧其上浮之水缸候其生根移栽陰地或插泥丸埋之土中依法澆灌數日即活若得接本須於花後將枝接下横埋肥土每近節處自然生苗收其中幹花本不變

三扶植

倒鬆肥土加以濃糞堆土令高移花種之仍覆碎瓦以防泥濺蒔苗既活扶以小竹

四修葺

仲春取老根洗去宿土雨過分之土不宜肥肥則癃頭仍以箬覆勿經日色凌晨水澆謂之分秧分秧後俟高數寸摘去其頭令生岐枝繁者勿删多存以備蟲傷長及一寸用籃蓋覆月覆九日有出籃者則掇其腦秋分方止夜去其籃出以承露花開平齊謂之

摘頭頭既摘葉間生眼亦須掐去勿使奪力謂之掐眼菊花貴少枝留一蕋挑去細蕋氣力既併花開倍大謂之剔蕋

五培護

菊雖傲霜實則畏之候蕋未開移至宇下根縳紙條就盞引水根潤花滿可玩月餘若有黄葉以韭汁澆根則青藍如故

六幻弄

先於春初擇取老艾剪其枝葉故土培之接以諸菊將本土封固接頭候其枝茂然後去之秋深花開各

依本色或於九月收霜貯瓶埋之土中菊有含蕋調色點之透變各色或取黄白二菊各披半邊用麻紥合則開花半白半黄如欲催花先將龍眼殻罩菊蕋上隔夜澆硫黄水次早去殻花即大開

七土宜

須擇好地大糞酵三次收之室中春初出曬收去蟲蟻蒸羅既淨以候登盆之需遇雨根露覆以餘土不使根爛

八澆灌

春用蠶沙夏用毛水立秋後酌用糞水初次糞一水

三二次水倍之三次糞水相半花蕾既結始用純糞

九除害

夏至前後有黑色蟲名曰菊虎又名菊牛宜於早間及巳午未三時尋去之如被嚙傷此葉偏垂急摘去之庶免毒攻致生秋蟲又有傷根者曰蚯蚓以石灰水灌河水解之癰頭者曰菊蟻以鱉甲置旁引出棄之癠枝者曰黑蚰以麻裹筯頭輕捋去之賊葉者曰象幹蟲以鐵線磨鋒尋穴刺之

十辨別

菊有粗葉細葉不同粗葉如七色鶴翎狀元紅狀元紫福州紫灑金香倚欄嬌羅傘紫袍芙蓉絞絲鎖口佛頭二喬金菊之類最愛肥濃除六月外間三四日一澆愈肥愈盛細葉如飛金剪絨大小攢花剪綃銀薇牡丹蘇桃繡毬嫦娥獅蠻撮頭等類只可在初種時用淡糞水澆一二次若用濃肥反致腐敗至於月下蟾瓣葡萄西施四種切不可見糞一澆即葉大頭蘢消之無蕋矣

文一

序

冒雨尋菊序

駱賓王

白帝徂秋黃金勝友解塵成契冒雨相邀問涼渙則鴻鴈在天敘交游則芝蘭滿室砌花舒菊還同載酒之園听葉低松直枕維舟之浦參差遠岫斷雲將野鶴俱飛滴瀝空庭竹響共雨聲相亂抑折巾於書閣行閱飄蓬挹雅步于琴臺坐聞流水字中蝌蚪競落文河筆下蛟龍爭投學海珠簾映水風生曳露之濤錦石封泥雨濕印龜之岸泛蘭英于戶牖座接鷄談下木葉於中池廚烹野鶩隊白花於濕桂落紫蒂於疎藤雖物序足悲而人風可愛留姓名於金谷不謝季倫混心迹於玉山無慚叔夜

菊譜序

劉蒙

草木之有花浮冶而易壞凡天下輕脆難久之物皆以花比之宜非正人達士堅操篤行之所好也然余嘗觀屈原之爲文香草龍鳳以比忠正而菊與菌桂荃蕙蘭芷江蘺同爲所取又松者天下歲寒堅正之木也而陶淵明乃以松名配菊連語而稱之夫屈原淵明實皆正人達士堅操篤行之流至於菊猶貴重之如此是菊雖以花爲名固與浮冶易壞之物不可同年而語也且菊有異於物者凡花者以春盛而實者以秋成其根柢枝葉無物不然而菊獨以秋花悅

茂于風霜搖落之時此其得時者異也有花葉者花未必可食而康風子乃以食菊仙又本草云以九月取花久服輕身耐老此其花異也花可食者根葉未必可食而陸龜蒙云春苗恣肥得以採擷供左右盃案又本草云以正月取根此其根葉異也夫以一草之微自本至末覺無非可食有功于人者加以色香態纖妙閑雅可爲丘壑燕靜之娛然則古人取其香以比德而配之以歲寒之操夫豈偶然而已哉洛陽風俗大抵好花菊品之類比他州爲盛劉元孫伯紹者隱居洛水之瀍萃諸菊而植之朝夕嘯咏乎其側蓋有意譜之而未暇也崇寧甲申九月余爲龍門之遊得至君居坐于舒嘯堂上顧玩而樂之於是相與訂論訪其居之未嘗有者因次第焉夫牡丹荔枝香笋茶竹硯墨之類有名數者前人皆譜錄今菊品之盛至于三十餘種可以類聚而記之故隨其名品類序于左以列諸譜之次

菊譜序　　史正志

菊草屬也以黃爲正所以槩稱黃花漢俗九日飲菊酒以祓除不祥蓋九月律中無射而數九俗尚九日而用時之草也南陽酈縣有菊潭飲其水者皆壽神

仙傳有康生服其花而成仙菊有黃花北方用以準節令大暑黃花開時節候不差江南地暖百卉造作無時而菊獨不然考其理菊性介烈高潔不與百卉同其盛衰必待霜降草木黃落而花始開嶺南冬至始有微霜故也本草一名日精一名周盈一名傅延年所宜貴者苗可以菜花可以藥囊可以枕釀可以飲所以高人隱士籬落畦圃之間不可一日無此花也陶淵明植于三徑采于東籬裛露掇英泛以忘憂鍾會賦以五美謂圓華高懸準天極也純黃不雜后土色也早植晚登君子德也冒霜吐穎象勁直也流

中輕體神仙食也其爲所重如此然品類有數十種而白菊一二年多有變黃者余在二水植大白菊百餘株次年盡變爲黃花今以色之黃白及雜色品類可見於吳門者二十有七種大小顏色殊異而不同自昔好事者爲牡丹芍藥海棠竹筍作譜記者多矣獨菊花未有爲之譜者殆亦菊花之闕文也歟余姑以所見爲之若夫耳目之未接品類之未備更俟博雅君子與我同志者續之今以所見具列於後

後序　史正志

菊之開也既黃白深淺之不同而花有落者有不落

者蓋花瓣結密者不落盛開之後淺黃者轉白而自色者漸轉紅枯于枝上花瓣扶疎者多落盛開之後漸覺離披遇風雨撼之則飄散滿地矣王介甫殘菊詩云黃昏風雨打園林殘菊飄零滿地金歐陽永叔見之戲介甫曰秋花不比春花落爲報詩人子細看介甫聞之笑曰歐陽九不學之故也豈不見楚詞云夕餐秋菊之落英東坡歐公之門人也其詩亦有欲伴騷人賦落英與夫却繞東籬嗅落英亦用楚詞語耳王彥賓言古人之言有不必盡循者如楚詞言秋菊落英之語與詩人多識草木之名蓋爲是也歐王

二公文章擅一時而左右佩劍彼此相笑豈非于草木之名猶有未盡識之而不知有落有不落者耶王彥賓之徒又從而爲之贅旣蓋益遠矣若夫可餐者乃菊之初開芳馨之可愛耳若夫衰謝而後落英豈復有可餐之味楚詞之過乃在於此或云詩之訪落以落訓始也意落英之落蓋謂始開之花耳然則介甫之引證殆亦未之思歟或者之說不爲無據余學爲老圃而頗識草木因併書于菊譜之後

菊譜序

范成大

山林好事者或以菊比君子其說以謂歲華婉娩草

木變衰乃獨燁然香發傲睨風霜此幽人逸士之操雖寂寥荒寒而味道之腴不改其樂者也神農書以菊爲養性上藥能輕身延年南陽人飲其潭水皆壽百歲使夫人者有爲於當年醫國庇民亦猶是而已菊于君子之道誠有臭味哉月令以動植志氣候如桃桐華直云始華至菊獨曰鞠有黃華豈以其正色獨立不伍衆草變詞而言之歟故名勝之士未有不愛菊者至陶淵明尤甚愛之而菊名益重又其花時秋暑始退歲事既登天氣高明人情舒閒騷人飲流亦以菊爲時花移檻列斛輦致觴詠間謂之重九節

物此非深知菊者要亦不可謂不愛菊也愛者既多種者日廣吳下老圃伺春苗尺許時掇去其顛數日則岐出兩枝又掇之每掇益岐至秋則一幹所出數千百朶婆娑團欒如車蓋熏籠矣人力勤土又膏沃花亦爲之屢變頃見東陽人家菊圖多至七十種淳熙丙午范村所植止得三十六種悉爲譜之明年將益訪求它品爲後譜云

後序

范成大

菊有黃白二種而以黃爲正人於牡丹獨曰花而不名好事者於菊亦但曰黃花皆所以珍異之故余譜

先黄而後白陶隱居謂菊有二種一種莖紫氣味香甘葉嫩可食花微小者為真其青莖細葉作蒿艾氣味苦花大名苦薏非真也今吳下惟甘菊一種可食花細碎品不甚高餘味皆苦白花尤甚花亦大隱居論藥既不以此為真後復云白菊治風眩陳藏器之說亦然靈寶方及抱朴子丹法又悉用白菊蓋與前說相抵捂今詳此唯甘菊一種可食亦入藥餌餘黄白二花雖不可餌皆可入藥而治頭風則尚白者此論堅定無疑併著于後

菊譜序　胡少瀹

嘗試述其七美一壽考二芳香三黄中四後彫五入藥六可釀七以為枕明目而益腦功用甚博神農所以載之上經姬公所以列之爾雅屈大夫所以餐其英而著之離騷呂不韋所以覩其華而編之月令黄鵠下太液武帝形之歌九月九日漢風俗以為酒自後胡廣袁隗諸人則取其水以為飲食仙人王子喬與陶弘景輩至啖其根葉考其源流蓋自上古已知貴重今人但言陶淵明所好殆不得專其美也

後序　胡少瀹

子胡子既作菊譜客曰菊之品不一而足然則花之

似菊者吾子亦有取乎曰夫疑似之間毫釐之際君子明辨而不恕正以其似是而非有以害道若陽虎之貌似夫子項羽之瞳子如舜其可以形似而遠信之今菊之為物挹之馨香餌之延齡標致高爽如此自餘小草僅可為臣僕奴隸詎敢望其音影花雖相近乃菊之盜猶小人之效君子非不緣飾其外而胷中之不善詎能自揜余懼夫人他日之耳目或為所惑故以其黨類列之編末

桐蒿花　旋復花　馬蘭
滴滴金　千里光　地丁

百菊集譜序　史鑄

萬卉蕃廡於大地惟菊傑立於風霜中敷華吐芬出乎其類所以人皆貴之至於名人佳士作為譜者凡數家可謂討論多矣鑄晚年亦愛此成癖且欲多識其品目未免周詢博採有如元豐中鄞江周公師厚所記洛陽之菊二十有六品崇寧中彭城劉公蒙所譜號地之菊三十有五品淳熙乙未侍郎史公正志所譜吳門之菊二十有八品淳熙丙午大參范公成大所譜石湖之菊三十有六品近而嘉定癸酉吳中沈公競乃摭取諸州之菊及上至于禁苑所有者總九十餘品以著于篇亦一譜也凡此一記四譜俱行於世鑄自端平至于淳祐凡七年間始得諸本且每

得一本快觀諦玩竊有疑焉如九華一品此正供淵
明所賞者也在昔先生所植甚多嘗以是形於九月
詩序今也幾歷千載其名猶聞於杭越間流芳不絶
然愚求於記譜中奈何皆闕之豈彼四方之廣土此
品未嘗有耶豈道里限隔此名或呼之異耶豈羣賢
作譜採訪有所未至耶胡爲品目之未備吁可怪也
於是就吾鄉徧游秋圃搜拾所有悉市種而植之俟
其花盛開乃備述諸形色而紀之有疑而未辨則問
於好事而質之夫如是則古稱九華者於斯復見矣
且至於四十品是爲越譜至此一記五譜班班品列

名曰百菊集譜凡百三十六名今則特加種藝與夫
故事詩賦之類畢萃於此庶幾可以併廣所聞云

後序有引　　史鑄

淳祐丙午中夏愚始飭工爲此鋟梓越旬餘
又得同志陸景晤特攜赤城胡融嘗於紹熙
辛亥歲撰圖形菊譜二卷以示所恨得見之
晚不及寘于其前今姑摭其要弁序續爲第
五卷云

萬物以節操爲高與春俱華與秋偕瘁者盈山滿谷
騷人墨客歌詠乎古今務以句語文辭相誇尚是何

足以涴吾之筆端乎哉吾之所愛者獨菊爾時維季秋霜風淒緊草木枝葉或黄或瘠或槁或脱而菊也方濯濯然獨立於霜露之中含耀吐頴精采奪目與吾相對竟日冷淡而耐久蕭灑而有遠韻正可比方高人貞士立於世道之風波操履卓絶不爲威武勢力之所摧屈者矣夫其天姿高潔獨受間氣生不與草木同流死不與草木偕逝可謂物中之英百卉之桀然者也

菊史補遺序　　史鑄

前編始成愚乃標之爲百菊集譜因同里　判簿兆

偉伯見之乃哀以佳名曰菊史續又見古人江奎詩有他年　若修花史之句　高疎寮有竹史之作但鑄才疎識淺所愧不足聯芳於前賢乃者物　府寮盧舜舉諱選録示黄華傳近又蒙同志陸景昭假及鞠先生傳今故併行校正列於補遺卷端䖏表此編濫有稱史之名耳

傳

鞠先生傳　　馬揖

先生名藭字華其先爲甘氏祖曰節華佐神農著本草書成帝用嘉之乃命竹史差次其功封以沃土位

范成大諸家之譜在茲不復錄

太史公曰先王肇分茅土皆倣其方之色菊自啟國南陽之後居湘灘彭澤者二千祀不易黃姓自餘散處四方者考其氏而知其方若白氏紅氏則著于西南或言朔庭有墨子然未嘗與中國盟會故名不顯其在青社者有著藍二氏生亦不蕃要之南陽實在中土而黃氏又居方之正得數之中其後宜莫與京白受釆土生金又當金天御宇之時宜白之盛亞于黃彼朱者于信美矣而有富貴濃艷之態不類山林有道者氣象君子尚論盍謹考哉

黃華傳

邢良孠

黃華字季香世家雍州隱于山澤間生男曰周盈曰延年女曰節女皆爲神農氏之學歲久苗裔散處天下有黃氏白氏金錢氏金樓氏凡七十餘族而黃氏最顯華少時取青晚節取紫初爲内黃令嘗開卷讀易至黃中通理粲然笑曰美在其中暢于四支矣至榮滿而歸南遊楚屈大夫方與江蘺杜蘅及公子蘭作離騷之辭得華喜同臭味把玩不斁楚人歌之曰有美屈平兮洵潔且清兮咀華之英兮把我謂我馨兮呂不啻著春秋聞華名氏援筆特書然華靜介自

立不能媚俗好至魏文帝時嘗徵華入見神釆英發帝喜語鍾繇曰黄華函乾坤之淳和體芬芳之淑氣宜侍宴金華殿人亦未甚愛也晉陶淵明曠達有高尚之氣然且見華俯加釆納曰吾不肯折腰對督郵今爲吾子折腰與語有味華曰吾甘心從先生遊餘子苦口何足置齒牙間哉淵明乃剪茅開徑延置家園觴詠陶寫必訪華東籬下握手至熏夕淵明醉眠遣客罷休華獨露坐不去甁罄樽空相對悠然江州刺史王弘聞淵明有佳客亟遣白衣致餽淵明貯酒滿船命華拍浮其中以爲樂淵明有友徂徠十八公

與華齊名蒼髯長身嘗從大夫之後下膏澤有醞藉能製中山醇醪華識其非聖人之清十八公曰我自用我家法卿自用卿家法或問其所以同華曰陶先生自拔于流俗十八公不凋于歲寒華雖當青女降霜亦不變色是則同時人目爲三傑華既經淵明稱賞名聲表表每遇良辰賓朋登高開宴華至天資中正并梔貌蠟言黄衣焰焰意象閒雅清風徐來德馨襲人至其晩節不與草木俱腐羣英掃地華獨固蔕歸存曰予自上世以來曉輕身明目之術書名方冊世以爲仙且其所居有潭水飮之能制頹齡於華可

有五色得備名揆次月令至今夏小正以華之善記
飾爲名華後入漢以服餌法干上出入宮禁后妃侍
兒咸與之飲酒乞其祝辭曰長壽長壽宣帝時華以
外國肥甘進上嘗之喜曰金盞銀枰眞神仙食也吾
不能效武帝食露盤矣華嘗以氣岸高自標置曰予
圜冠準天純色準地當贊天地開八荒壽域黃中通
理獨暢四支非予前聞人佐農皇志也時陽九厄矣
遂入平蓋山煉九華大藥時時與好事者出沽酒市
中見者咸呼爲九華先生彭澤令陶潛方棄官柴桑
聞先生名特延致之後徙宅東潛不敢名惟以九華

呼之潛當九月九日無酒與先生口講服餌法語之
曰南山朝來致有佳氣耳少時江州刺史王弘送酒
至潛以酒讓先生飲先生憙曰吾得拍浮此足矣潛
平日交惟兩人先生與五鬣大夫也五鬣在先生上
先生戯與五鬣較長短曰汝雖長遭斧斨我雖短升
中堂又以其能相殿最曰吾茹能使饑人辟糧汝能
乎曰能吾飲能使瘥殘人康寧壽考汝能乎曰能曰
吾一出能使時王知正氣一灰迹能使諸蟈族吞其
譟而不聲汝能乎曰不能矣曰不能何以上吾也五
鬣亦曰吾一出一能棟天子明堂不灰迹能染歷代

之文章子能乎曰不能也曰此吾所以上子也潛闕而笑曰九華旣失而五鬣亦未得也二三子黜德滅巧將太上從太上無名功故無窮二三子無懷氏之蠓孰長短小洪于是二八者相與持酒歡甚潛頹然醉醉則遣客而二八者侍門下至蒙霜露不去先生自譜其族凡一百六十三黜其月族類者曰滴金馬蘭童萬錢覆等凡六種題曰九華壽譜藏于家云

太史氏曰黃本出陸終後受封黃華之先啟土雍州實爲中黃氏黍有黃石公夏黃公得辟穀法又有中黃子以服食節度見抱朴子書豈皆其裔耶華先德活萬民子孫當有興者訖與晉處士同逸奇乎時也子姓至今有隱君子風世徒以黃白術却老延年者訪之又烏睹華之大道哉

記

菊圃記　元結

春陵俗不種菊前時自遠致之植于前庭墻下及再來也菊已無矣徘徊舊圃嗟嘆久之誰不知菊也芳華可賞在藥品是良藥爲蔬菜是佳蔬縱須地趨走猶宜徙植修養尚忍蹂踐至盡不愛惜乎嗚呼賢士君子自植其身不可不慎擇所處一旦遭人不愛重

如此菊也悲傷奈何于是更爲之圃重畦植之其地近譙息之堂吏人不此奔走近登望之亭旌麾不此行列縱絫歌妓菊非可惡之草使有酒徒菊爲助與之物爲之作記以託後人

海南菊記　蘇軾

菊黄中之色香味和正花葉根實皆長生藥也北方隨秋早晚大畧至菊有黄花乃開嶺南至冬乃盛地暖百卉造作無時而菊獨後開考其理菊性介烈不與百卉並盛衰須霜降乃發而嶺南常以冬至微霜故也其天姿高潔如此宜其通仙靈也吾在海南藝

菊九畹以十一月望與客泛菊作重九書此爲記

菊鄰記　王夔

凡天下之物莫不有鄰日與月爲鄰江與海爲鄰河與淮濟爲鄰泰山與嵩華爲鄰麟鳳自相爲鄰而龍與雲爲鄰其于人也亦必有鄰而鄰非止于比屋而已也故孔子與七十子鄰葢嘗曰德不孤必有鄰若堯舜之爲君也與其臣皋夔稷契之徒爲鄰故曰臣哉鄰哉然而有高世而無鄰者則天子所不臣諸侯所不友若伯夷叔齊與凡隱逸者是已今夫草木之華皆發于春菊有黄花視諸草木不華而自獨花此

所以爲花之隱逸而不與他草木鄰乃求夫人之隱逸若陶公者鄰也吳人王本中氏攻詩以醫隱性好蒔菊謂其善制頹齡特有資于醫也人有過其所居者見四鄰皆菊曰王氏以菊爲鄰也或曰不然菊以王氏爲鄰蓋王氏非膠然曰吾之鄰而菊自不能不與王氏鄰也暨陽王先生原古爲題其所居曰菊鄰是固以爲菊願與王氏鄰而王氏眞菊之鄰也雖然菊花之隱逸而王氏之隱逸則其性一也王氏欲與菊爲鄰乎菊欲與王氏鄰乎必有能辨之者

菊趣軒記

方孝孺

人之嗜乎物者必有樂乎物樂焉而弗厭非深有得乎物之趣者不能也好權者之于位慕利者之于財竭思慮殫歲年孜孜求之而不止彼其爲趣亦有所樂矣而曠達之士以爲非孟嘉之于酒阮孚之于屐支遁之于馬舉世之所尚者不足以易其好其所得之趣亦可謂深矣而高潔之士未免以其所樂者爲累蓋人之心不可繫于一物苟有所繫而不能釋雖逸少之于書元凱之于左傳李賀賈島之于詩當其趣之自得以爲雖萬物莫能易及其流于玩物而喪其天趣則與好世俗之微物者無以異惟君子之知

道者則不然在我之天趣可以會乎物之趣已有以自樂而不資物以為樂召公之卷阿曾點之舞雩是曷嘗有聲色臭味之可以適乎情而快乎體哉縱目之頃悠然有會乎心忘已以觀物忘物以觀道凡有形乎兩間者皆吾樂也皆有趣也而吾心未嘗留滯于一物也夫是之謂得乎天趣後之士知聖賢君子之樂者蓋有矣吾嘗于陶淵明有取焉淵明好琴而琴無絃曰但得琴中趣雖無音可也嗟乎琴之樂于衆人者以其音耳淵明并其絃而忘之此豈玩于物而待于外者哉蓋必如是而後可以為善用物會稽

張公思齊氣清而志美好學有長才少喜淵明之為人嘗別業于玉芝山中種菊釀秫名其居為菊趣軒及遇聖天子擢為陝西布政司左叅政去林壑而處公署之崇嚴覩園林之靚麗無復隱居之適矣猶揭菊趣之名不變或者疑之予以為琴而無絃猶不害淵明琴中之趣公苟得菊之趣豈問身之隱顯與菊之有無哉菊之為物揚英發秀于風霜凄凛之際有類乎盛德之士不為時俗所變服之可以引年于澤物濟世之功又有類焉公之趣誠有得乎此處富貴而弗盈臨事變而不懾御繁劇而不亂推其所得者

于政使數千里之民樂生循禮躋乎仁壽之域則公之樂果有出于菊之外者矣夫樂止夫物之內者其樂淺樂超乎物之表者其樂深淵明之屬意于菊其意不在菊也寓菊以舒其情耳樂乎物而不玩物故其樂全得乎物之趣而不損巳之天趣故其用周嘗試登公之軒誦淵明之遺言而縱談古人之所樂則夫淵明之趣果屬之公乎屬之我乎尚幸有以語我哉

菊窻記　歸有光

去安亭二十里所日錢門塘洪氏居之地平衍無丘陵而顧浦之崖岸隆起遠望其居如在山塢中多竹木臨廣池隱然如仲長統樂志論云而君不取此顧以菊窻區其室蓋以統之論雖美使人人必待其如此而後能樂則其所不樂者猶多也淵明采菊東籬下悠然見南山笑傲東軒下聊復得此生可謂無入而不自得今君有仲長統之樂而慕淵明之高致此予所以不能測其人也將載酒訪君菊窻之下而請問焉

菊隱軒記　顧清

物之清貞而可愛者有三松也竹也梅也所謂歲寒

三友者其次則惟水仙與菊焉菊之爲物稟金行之秀氣孕土德之精英不春而妍不秋而槁凌風霜傲桃李追三友而爲羣自昔騷人逸士多嗜愛之比德于斯焉歲丙申余徙家淸水之濱有屋數楹背林面流去市廛不百武而幽深朴野稱爲讀書之居于其前得隙地焉皆荒穢不治明年春得佳菊數本乃剪菑翳去瓦礫手親蒔之未盛也又明年復得四本間錯植之滋壅培焉及秋黃雜紫艷掩映庭階幽香遠芬薰襲衣履朝玩暮撫不知金仙女眞之在左右也于是作詩賞之題其屋之中楹曰菊隱而自爲之記夫人之生終身大節出處而已出則居廟堂佐天子施澤當世樹功名于無窮不遇于時則退處田野守丘壟奉宗祧徜徉于詩書禮樂花竹泉石之間以修吾身養吾性以無辱于所生二端之外其亦無他道也予年少出處誠未卜然自知駑鈍矧方今才俊滿天下豈乏予一人哉則其居是軒而效昔人之隱也固宜若夫霜高露肅之晨月白風淸之夜手執離騷一卷鉤簾相對長吟永歌而囘思妄念一毫不敢萌于其中則比德之云雖未能企及古人而亦庶幾無辱于此君矣

賦

菊花賦　鍾會

何秋菊之可奇兮獨華茂乎凝霜挺葳蕤于蒼春兮表壯觀乎金商延蔓蓊鬱綠坂被岡縹幹綠葉青柯紅芯芳實離離暉藻煌煌微風扇動照曜垂光於是季秋初月九日數并置酒華堂高會娛情百卉彫悴芳菊始榮紛葩曄曄或黃或青乃有毛嬙西施荊姬秦嬴妍姿妖艷一顧傾城擢纖纖之素手宣皓腕而露形仰撫雲髻俯弄芳榮

菊賦　孫楚

彼芳菊之爲草兮稟自然之醇精當青春而潛翳兮迄素秋而敷榮于是和樂公子雍容無爲翺翔華林駿足交馳薄言采之手折纖枝飛金英以浮旨酒握翠葉以振羽儀偉茲物之珍麗兮超庶類而神奇

菊賦　盧諶

何斯草之特偉涉節變而不傷超松柏之寒茂越芝英之冬芳浸三泉而結根晞九陽而擢莖若乃翠葉雲布黃蕋星羅熒明蒨粲菴藹猗那

秋菊賦　潘尼

馨達幽遠光燭隰原招仙致靈儀鳳舞鸞飛莖散葉

猗靡相尋垂采㷉於芙蓉流芳越乎蘭林遊女望榮而巧笑鵷雛遥集而弄音若乃真人采其實王母接其葩或克虛而養氣或增妖而揚娥既延期以永壽乆蠲疾而弭痾

菊賦　傅玄

布濩河洛縱横齊秦掇以纖手承以輕巾揉以玉英納以朱脣服之者長壽食之者通神

菊賦　卞伯玉

佇寒丘以彌望覿中霜之軟菊肇三春而懷芬凌九秋以愈馥不履苦而逾操不在同而表淑傷衆花之飄落嘉茲卉之能靈振勁朔以揚猋含凝露而吐英

庭菊賦有序　楊炯

庭菊美貞方也天子幸於東都皇儲監守於武德之殿以門下内省爲左春坊今庶子裴公所居即黄門侍郎之廳事也其庭有菊焉中令薛公昔拜瑣闈此焉遊處今兼左庶子止于東廳甍宇連接洞門相向每罷朝之後未嘗不遊于斯詠于斯覽叢菊于斯歎其君子之德命學士爲之賦遂作賦云

日之貞兮於彼重陽菊之榮兮於彼華芳含天地之

貞氣吸日月之淳光雲布霧合其舒翼張鬱兮曼衍郁兮芬芳琨枝金葶翠葉紅芒其在夕也言庭燎之晰晰其向晨也謂明星之煌煌爾其萬里年華九州春色花的爍兮如錦草連綿兮似織當此時也和其光同其塵應春光而早植及夫秋星下照金氣上騰風肅肅兮瑟瑟霜刺刺兮稜稜當此時也弱其志强其骨獨歲寒而晚登雨還風去天長地久純黃象于后土故采壽而菊衣輕體御于神仙故登山而菊酒文賓采之而羽化康公服之而不朽東極于是長生南極以之眉壽胡太尉之允誠光輔漢庭萬幾理三

階平及暮年華髮垂眉秋菊落英蠲邪滌廢于焉永貞鍾太尉之家聲彝倫魏室道合鹽梅功成輔弼降文星之命修彭祖之術保性和神此焉終吉君章請老歲久懸車秋風生兮北園夕白露濕兮前階虛佇閒庭之曠望對涼菊之扶疎人生行樂孰知其餘淵明解印退歸田野山鬱葎兮萬重天蒼莽兮四下憑南軒以長嘯出東籬而盈把歸去來兮何為者若此窈窕重闈亘青瑣兮接黃扉深沉大壯通肅成兮連博望乃有邑鄉貴族薛縣名家共汾河之鼎氣同燕子之春華朝遊夕處徘徊顧慕嘆搖落于三秋備貞

芳于十步伊纖莖之菲薄荷君子之恩遇不羨池水之芙蓉願比瑤山之桂樹歲如何其歲已秋叢菊芳兮庭之幽君子至止悵容與而淹留歲如何其歲將逝叢菊芳兮庭之際君子至止聊從容以卒歲